José Heriberto Simental Vázquez

Lançador de basebol automatizado

José Heriberto Simental Vázquez

Lançador de basebol automatizado

Conceção e desenvolvimento de um lançador de
basebol automatizado

ScienciaScripts

This book is a translation from the original published under ISBN 978-613-9-41012-5.

Publisher:
Sciencia Scripts
is a trademark of
Dodo Books Indian Ocean Ltd. and OmniScriptum S.R.L publishing group

120 High Road, East Finchley, London, N2 9ED, United Kingdom
Str. Armeneasca 28/1, office 1, Chisinau MD-2012, Republic of Moldova, Europe
Printed at: see last page
ISBN: 978-620-8-07664-1

Livro: "Design and Development of an Automated Baseball Pitcher" (Conceção e desenvolvimento de um lançador de basebol automatizado).

Autores:

Alfonso Sierra Chacón
Efren Armando Lujan Sandoval
José Heriberto Simental Vázquez

Co-autores:

Óscar Iván Soto Guaderrama
Yolanda Isabel Villalobos Morales

CAPÍTULO I
INTRODUÇÃO

1.1 Antecedentes

Atualmente, existem diferentes protótipos com vários sistemas operativos emmáquinas dispensadoras de bolas, mas a primeira máquina de lançamento foi inventada por Charles Hinton em meados da década de 1890.

A necessidade de uma máquina de lançamento é evitar lesões constantes no treino de basebol a nível amador, semi-profissional e profissional, uma vez que é necessário simular as condições de lançamento de todos os batedores da equipa, colocando cargas musculares excessivas nos lançadores (normalmente menos jogadores do que batedores), causando lesões musculares e articulares.

1.2 Declaração do problema

A sociedade moderna visa cada vez mais a tecnificação do desporto, como no casodas escolas de basebol e dos clubes profissionais que se dedicam ao desenvolvimento profissional dos jogadores. Em quase todas as escolas profissionais de basebol, é utilizado equipamento tecnológico, como uma máquina de lançamento, na formação e preparação de um batedor ou apanhador de alto rendimento.

O Instituto Tecnológico de Ciudad Juárez não dispõe de uma máquina de bolas para a equipa de basebol.

1.3 Objectivos

1.3.1 Objetivo geral

Aplicar os conhecimentos de engenharia mecânica para conceber uma máquina automatizada de lançamento de bolas de basebol para reduzir o custo de fabrico em relação ao custo de mercado".

1.3.2 Objectivos específicos

a) Atribuição de materiais para a conceção de uma máquina automática de lançamento de bolas.

b) Utilizar o software Solid Works para conceber dispositivos de fixação e elementos mecânicos para o funcionamento da máquina de bolas.

c) Utilizar os conhecimentos de engenharia para controlar o lançamento, a direção e a potência da bola.

d) Conceber uma máquina funcional que reduza os custos em relação ao mercado.

e) Criação de desenhos de equipamentos e montagens com lista técnica de materiais.

1.4 Justificação

As máquinas multitarefas estão em constante evolução. Desde o início do conceito, as configurações das máquinas multitarefas progrediram desde os primeiros sistemas que combinavam operações simples, desta vez a máquina de lançamento de basebol irá melhorar a destreza e os reflexos do batedor ou do apanhador.

Uma máquina profissional de lançamento de bolas no mercado custa aproximadamente 26.000 pesos mexicanos, o objetivo é fornecer ao instituto uma máquina funcional a um custo acessível, aplicando os conhecimentos de engenharia mecânica para desenvolver um design ótimo e funcional do equipamento.

1.5 Pressuposto

Conceber uma máquina de lançamento utilizando componentes comerciais prontos a usar e optimizá-la utilizando o programa Solidworks com acessórios para possível fabrico e montagem, depois construir um protótipo que se enquadre no orçamento e contribua para a formação do batedor ou apanhador.

O objetivo é testar a eficácia de uma máquina, implementando-a como suporte no treino de basebol, de modo a obter resultados mais favoráveis.

CAPÍTULO II
ANTECEDENTES

2.1 Quadro teórico

2.1.1 Máquinas de lançamento

Existe uma grande variedade de máquinas de lançamento no mercado para desportos como o futebol, o basquetebol, o ténis, o basebol, etc. Estas máquinas contribuem para o treino dos atletas nas diferentes modalidades e possuem diferentes sistemas de funcionamento e operação. É necessário realizar um estudo bibliográfico sobre os sistemas de propulsão do objeto a lançar, distinguindo as caraterísticas de cada um deles, para que estas investigações prévias sirvam para encontrar uma relação entre conceitos, teorias e localizar diferentes perspectivas para aplicá-las corretamente.

2.1.2 Sistemas de propulsão

Existem vários sistemas de propulsão para objectos esféricos, entre os quais temos:

- Por pressão de ar.

- Por compressão e descompressão de molas.

- Por catapulta.

- Por rolos rotativos.

É necessário analisar cada um destes sistemas quanto às diferentes caraterísticas em função da dimensão do objeto a lançar, da velocidade e do tempo de lançamento contínuo, da alimentação eléctrica do sistema, bem como da procura de uma conceção funcional, de um custo de fabrico adequado e da viabilidade de construção.

2.1.3 Sistemas de propulsão por pressão de ar

Neste sistema, um lado está aberto e a outra extremidade está selada, o elemento a ser lançado é colocado dentro do cilindro, que está dividido em duas partes: na primeira é colocada a bola de ténis e na segunda contém o ar comprimido que atinge uma pressão desejada utilizando um compressor de ar, as duas partes estão ligadas por uma válvula de abertura rápida que permite a passagem do ar do compressor que dá o impulso à bola de basebol a grandes velocidades. Uma das grandes desvantagens deste sistema é a necessidade de um compressor de ar e isso requer muito tempo para o recarregar e transportar, também o lançamento contínuo de bolas é lento porque o mesmo orifício de saída das bolas tem de entrar no orifício seguinte, o que faz com que o tempo entre lançamentos seja muito longo e não tão aconselhável se precisar de lançamentos contínuos.

Máquina de lançamento de basebol e softbol.

Nota: A figura representa uma máquina de lançamento de bolas de basebol e de softbol.

2.1.4 Sistemas de propulsão

Mecanismo tipo catapulta Esta máquina tem um sistema mecânico constituído por um motor elétrico instalado com um redutor que transmite o movimento por meio de uma corrente fazendo girar a catalina sobre o eixo superior, que tem em cada extremidade um mecanismo que permite à mola helicoidal armazenar energia elástica, como se pode ver na imagem, o braço recebe esta energia que permite que a bola caia e comece a girar lentamente, depois chega ao ponto em que este braço actua como uma catapulta quando a mola é libertada e lança a bola a altas velocidades. Esta máquina é utilizada no treino de críquete, que com o tempo de utilização requer uma manutenção constante da parte mecânica, especialmente devido ao desgaste produzido na mola helicoidal, neste tipo de mecanismo o tempo de lançamento e espera é prolongado.

2.1.5 Sistemas de propulsão por rolos rotativos

Este tipo de sistema é mais comummente utilizado em máquinas de lançamento de bolas de futebol. Dentro deste grupo existem algumas opções de propulsão:

- Rolo giratório único.

- Dois rolos rotativos.

- Rolos rotativos com correias.

2.1.6 Sistemas de propulsão de um rolo

O sistema apresentado na figura 3 tem um motor elétrico ligado a um rolo que roda a uma determinada velocidade angular. A bola de basebol entra noalimentador e é impulsionada pela velocidade e pressão que o rolo exerce sobre ela. Este tipo de máquina é ideal para lançar pequenos objectos, devido à sua forma e disposição, tem um pequeno orifício de saída onde a bola é lançada a alta velocidade. Em termos de design e construção, esta máquina apresenta certas caraterísticas ergonómicas que permitem ao utilizador ter uma experiência fácil ao utilizar este lançador de bolas.

2.1.7 Sistemas de propulsão de dois rolos

O princípio de funcionamento deste tipo de sistema é o mesmo que o de um único rolo, a diferença reside no facto de que, ao utilizar dois rolos, é possível efetuar lançamentos curvos, controlando a velocidade de cada um dos rolos, um deles a rodar mais depressa do que o outro, o que nos permitirá impulsionar a bola ao longo de uma trajetória curva, o que o sistema de um único rolo não permitia, mas da mesma forma, se for necessário um lançamento reto, os dois rolos devem rodar à mesma velocidade.

2.1.8 Sistema de acionamento de rolos rotativos com correias

O tipo de sistema apresentado na Figura 5 tem um princípio de funcionamento muito semelhante ao do sistema de dois rolos, com tambores nos quais as duas correias estão ligadas aos rolos de tração, este sistema tem uma maior superfície de contacto com a bola, o que permite uma maior velocidade de saída. Embora a velocidade de trajetória da bola seja superior à dos outros sistemas, a desvantagem é a construção, que é muito robusta e mecanicamente mais difícil do que os sistemas anteriores.

2.1.9 Máquinas atualmente no mercado.

Existem várias máquinas no mercado com diferentes rácios, custos e capacidades, este projeto centra-se em máquinas profissionais com semelhanças a um lançamento a 90 km/h.

Quadro 1 Marcas e custos

Máquina no mercado	Custo	Velocidade de lançamento	Tamanho
PowerNet	$ 8,931	40 - 90 MPH	25 pés x 1 pé x 3 pés
Aquecedor profissional	$ 19,850	70 MPH	14 pés x 1 pé x 3 pés
Ataque de hackers	$ 15,790	100 MPH	5 pés x 4 pés x 4 pés
Ataque desportivo	$ 59,995	70MPH	8 pés x 4 pés x 2 pés

2.2 Quadro contextual

Este capítulo descreve a instituição a nível local, o Instituto Tecnológico de Ciudad Juárez (também conhecido pelo seu acrónimo ITCJ), é uma instituição pública de ensino superior localizada em Ciudad Juárez, Chihuahua. Faz parte do Tecnológico Nacional do México (TecNM) e do Ministério da Educação Pública do México.

Há 55 anos que o Instituto Tecnológico de Ciudad Juárez é responsável pela formação técnica e humanística de profissionais que ocupam atualmente um lugar importante no sector laboral da fronteira.

Sendo um dos principais centros de ensino a nível profissional, o campus foi oficialmente reconhecido como Instituto Tecnológico de Ciudad Juárez em 3 de outubro de 1964.

Depois de ter funcionado em 1935 como Técnica Industrial 5 por iniciativa do Professor Alberto Álvarez, mudou mais tarde o seu nome para Escuela de Enseñanzas Especiales 21, que se situava no monumento a Benito Juárez.

Norberto López, responsável pelo departamento de Comunicação e Difusão do ITCJ, comenta que este facto aconteceu depois de Adolfo López Mateos, Presidente do México na altura, ter assumido o compromisso de construir um instituto digno em 1960.

"Naquela altura, a cidade começava a pedir técnicos um pouco mais especializados para a indústria simples que existia aqui, eram cerca de 30.000 habitantes", conta.

Só em 1964 é que foi inaugurado o Instituto Tecnológico Regional de Ciudad Juárez (ITRCJ), nome que lhe foi dado para abranger os diferentes municípios do estado, como Cuauhtémoc, Nuevo Casas Grandes, entre outros.

Mais tarde, uma prisão juvenil foi convertida no edifício que hoje prepara mais de 7.000 estudantes nos 10 programas de engenharia oferecidos pelo Instituto, incluindo eletromecânica, mecânica, mecatrónica, logística e gestão empresarial, para além de dois programas académicos em contabilidade pública e administração de empresas, bem como três mestrados e um doutoramento.

Até aos anos 80, a parte regional foi suprimida para se tornar finalmente no Instituto Tecnológico de Ciudad Juárez, onde existem atualmente 46 salas de aula, de modo que a universidade veio satisfazer a procura de todas as pessoas de Juarez interessadas no sector industrial, quando não havia grande crescimento na cidade.

Em 2014, os 254 campi do país foram reunidos para serem conhecidos com uma nova identidade "Tecnológico Nacional de México", considerando cada instituto como um campus.

Figura 1 Tecnológico Nacional de México, Campus Ciudad Juárez.

2.3 Quadro concetual

2.3.1 Basebol

O basebol tornou-se conhecido como um desporto de competição jogado com uma bola dura e um taco entre duas equipas de nove jogadores cada, num campo conhecido como diamante, com três percursos de base e uma base de batimento.

É impossível saber ao certo onde se jogou o primeiro jogo de basebol no México; várias cidades reclamam a honra e, apesar dos esforços para descobrir o local exato, os historiadores continuam a não estar de acordo. No entanto, se analisarmos todos œestudos efectuados, três cidades são as que mais se aproximam: Guaymas, no estado de Sonora, Nuevo Laredo, no estado de Tamaulipas, e Cadereyta Jiménez, no estado de Nuevo León.

O relato de Guaymas é mais exato e diz que foi em 1877 que os marinheiros que constituíam a tripulação do navio americano Montana, de visita a Guaymas, desembarcaram e jogaram uma partida de basebol entre si.

2.3.2 Basebol

A bola de basebol é uma bola utilizada para a prática deste desporto e é facilmente reconhecível pela sua caraterística costura vermelha. A bola tem uma forma esférica e um núcleo de borracha ou cortiça envolto em fio. O núcleo da bola é coberto por duas peças de couro branco em forma de amendoim, cosidas entre si com fio vermelho. A costura é um elemento importante que influencia a resistência do desporto.

Quanto à forma particular das suas costuras, alguns investigadores concordam que são assim porque, quando o desporto começou a ser praticado no século XIX, fazê-las com esse desenho era a única forma de fazer uma bola completamente esférica. O padrão estético foi estabelecido no século XIX. As costuras não têm apenas a ver com o desenho da bola, mas também com a forma como é lançada.

2.3.3   Software de desenho

É um programa que permite realizar processos de conceção mecânica, desde a definição das necessidades ou a conceção da ideia pelo projetista até à criação dos desenhos técnicos necessários para o seu fabrico. Através de uma interface onde o programa e as suas ferramentas de conceção, montagem e desenho de peças são um método de trabalho para o projeto, o operador pode modelar a peça em três dimensões e criar rapidamente as vistas necessárias para a conceção dos desenhos.

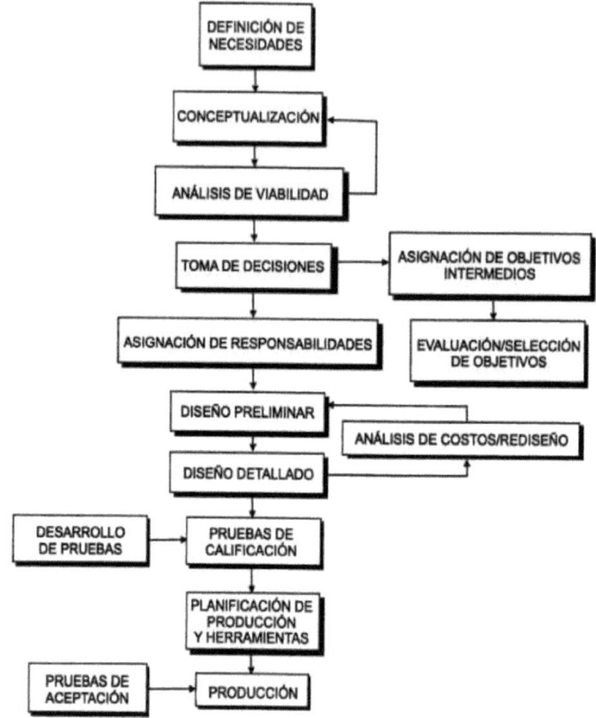

Figura 2 Etapas do processo de conceção, retiradas do texto "O Projeto de Engenharia.

2.3.4 Motor

O motor converte a energia eléctrica, química ou qualquer outra energia num movimento mecânico rotativo.

Os motores são classificados segundo o tipo de energia que utilizam, o trabalho que são capazes de realizar numa unidade de tempo a uma dada velocidade nominal, que é a velocidade angular da cambota, ou seja, o número de rotações por minuto (rpm ou RPM).

Os motores são utilizados em aplicações como:

- Electrodomésticos de cozinha (trituradores de lixo, misturadores, batedeiras, trituradores de alimentos).

- Máquinas de costura.

- Hoovers.

- Ferramentas manuais (serras, berbequins).

2.3.5 Acoplamento de um motor elétrico

O acoplamento de um motor elétrico é um dispositivo que liga o veio do motor ao equipamento que o motor deve acionar, ou seja, o acoplamento do motor permite que o motor actue sobre o equipamento acionado.

O acoplamento correto para uma aplicação é selecionado através da determinação do binário nominal da fonte de energia, da determinação do fator de serviço, do cálculo da capacidade de binário do acoplamento e da garantia de que o acoplamento tem o tamanho correto no eixo para encaixar na unidade a ser acionada.

2.3.6 Caça-níqueis

A localização de precisão é muito importante em várias aplicações de engenharia, como a maquinagem e a montagem. A ferramenta segue um percurso muito preciso e uma peça de trabalho tem de ser colocada de forma precisa e estável numa posição precisa. Na montagem, as posições das peças montadas devem ser facilmente montadas e deve evitar-se o constrangimento excessivo das peças. Uma das técnicas mais comuns para atingir estes objectivos é a utilização de ranhuras como caraterísticas das peças.

A utilização de dois pinos colocados em dois orifícios coloca problemas de localização e de fabrico.

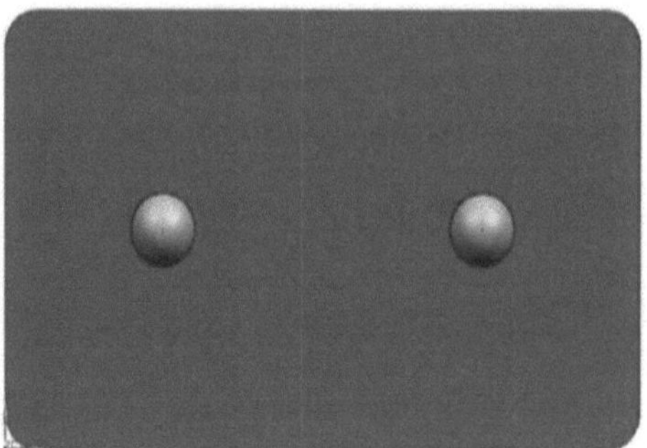

Figura 3 Peça sem ranhuras

a) Problemas de montagem

1. 	Impossível determinar a localização exacta das peças de trabalho.

2. 	Criação de tensões elevadas na peça de trabalho devido a uma restrição excessiva da localização da peça de trabalho.

b) Problemas de fabrico

1. Os furos na peça de trabalho devem ser maquinados com tolerâncias de posição e de diâmetro muito apertadas, o que aumenta o custo de fabrico.

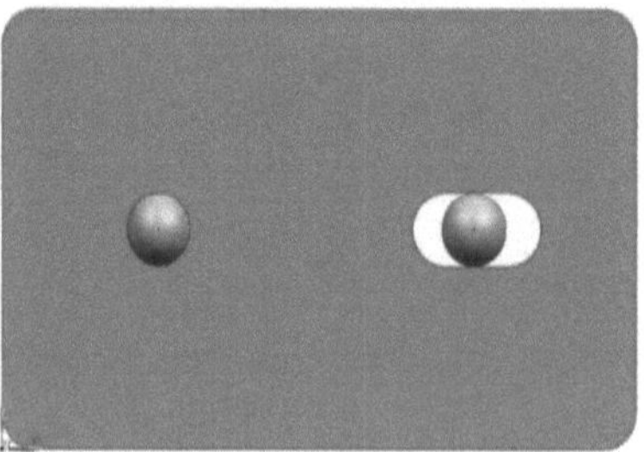

Figura 4 Pino ranhurado.

Para ultrapassar estes problemas, um dos pinos pode ser montado numa ranhura. Assim, o pino no furo elimina dois graus de liberdade de translação, enquanto o pino na ranhura elimina o último grau de liberdade de rotação.

Na secção seguinte, analisaremos a utilização de ranhuras para ultrapassar o problema do excesso de restrição através de uma peça de amostra, utilizando os princípios de dimensionamento geométrico e de tolerância, tal como definidos pela norma ASME [1].

c) Utilização de ranhuras: um exemplo de GD&T

Como vimos anteriormente, as ranhuras permitem-nos evitar restrições excessivas e ter uma maior precisão. Um exemplo disso pode ser visto na ilustração.

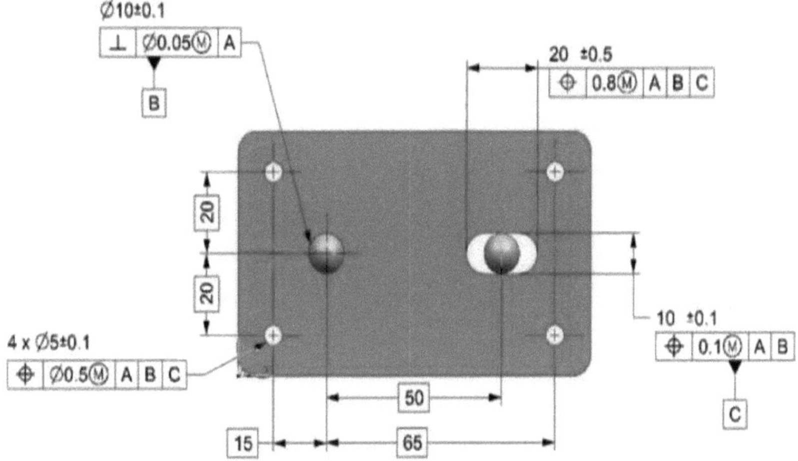

Figura 5 Trabalho artístico com tolerâncias de ranhura aplicadas.

A partir da Figura 5, podemos observar o seguinte:

*   Função de referência principal (A): o plano na parte inferior da peça (não ilustrado)

*   Elemento de referência secundário (B): O furo definido com uma tolerância de dimensão do elemento de referência de ±0,1 mm e uma tolerância de perpendicularidade de 0,05 mm

na CMM em relação ao elemento de referência A.

- Elemento de referência terciário (C): largura (dimensão vertical) da ranhura com uma tolerância de dimensão do elemento de ±0,1 mm e uma tolerância de posição de 0,1 mm na CMM em relação ao referencial AB.

- O comprimento (dimensão horizontal da ranhura): Tem uma tolerância de dimensão da caraterística de ±0,5 mm e uma tolerância de posição de 0,8 mm na CMM em relação ao quadro de referência ABC. Seguindo a lógica da utilização de ranhuras, esta caraterística tem as tolerâncias mais elevadas.

- O padrão de 4 furos: Os furos no padrão têm uma tolerância de tamanho de caraterística de ±0,1 mm e uma tolerância de posição de 0,5 mm na CMM em relação ao quadro de referência ABC. A posição destes furos é definida utilizando dimensões básicas relativamente ao quadro de referência ABC.

- Apesar da vantagem de ultrapassar a restrição excessiva, com as ranhuras podemos ainda ter o problema do elevado custo de fabrico se a peça tiver uma espessura considerável. Isto deve-se ao facto de que fazer uma ranhura é simplesmente mais complexo do que fazer um furo em peças relativamente espessas. Uma técnica que permite obter o melhor dos dois mundos é a utilização de pinos de diamante. Iremos explorar esta técnica numa publicação futura.

2.3.7   Análise FEA

A Análise de Elementos Finitos (FEA) é a modelação de produtos e sistemas num ambiente virtual para encontrar e resolver potenciais problemas estruturais ou de desempenho. A FEA é a aplicação prática do método dos elementos finitos (FEM).

Trata-se de um modelo matemático para representar um gráfico de cargas em elementos finitos, incluindo a análise de deformações e tensões. Esta análise é de ajuda vital para otimizar elementos com possibilidade de falha.

CAPÍTULO III
METODOLOGIA

3.1 Conceção

O objetivo deste capítulo é obter um desenho que se adapte aos requisitos e funcionalidades propostos para a máquina, para posteriormente realizar uma modelação CAD/CAE com o software SolidWorks que permita esboçar o projeto e determinar a viabilidade de posicionamento de estruturas e componentes. De seguida, é apresentada a conceção final da estrutura da máquina, que se baseia no acionamento da máquina através do sistema de propulsão, um mecanismo do tipo catapulta.

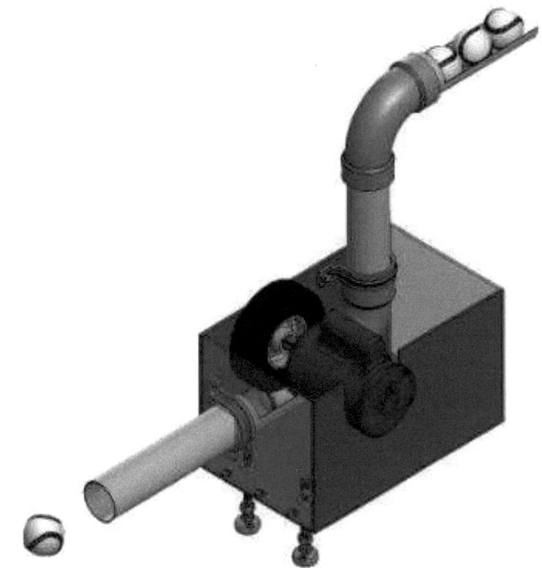

Figura 6 Projeto CAD da máquina de lançamento de bolas

3.2 Requisitos

Os requisitos são uma parte fundamental de um desenho concetual que propõe uma direção e limitações para o desenvolvimento do projeto, neste caso, as seguintes caraterísticas foram tomadas como referência:

- Tamanho de uma bola de basebol profissional.

- Lançamento aproximado de 90 km/h.

- Fácil montagem e desmontagem para substituição de peças danificadas.

- Transporte fácil da máquina.

- Controlar o ângulo de lançamento.

- Orçamento total inferior a 14.000 pesos mexicanos.

3.2.1 Dimensão de uma bola de basebol profissional

As bolas de basebol profissionais têm um diâmetro entre 7,3-7,5 cm (2,70-2,81") e uma circunferência de 22,9-23,5 cm (9"-9,25"). A massa de uma bola de basebol situa-se entre 5-5,25 oz (142-149 g).

Para a criação do projeto da máquina, esta variável foi tida em conta na seleção dos materiais para o braço de lançamento.

Figura 7 Bola de basebol convencional

3.3 Seleção de materiais

A grande maioria dos avanços tecnológicos alcançados na sociedade moderna assentou na descoberta e desenvolvimento de materiais de engenharia e nos processos de fabrico utilizados para os obter. Uma seleção adequada de materiais e processos garante aos projectistas de peças mecânicas o correto funcionamento (desempenho) dos componentes concebidos.

Tabela 2 Seleção do material PVC

Material	Comprimento	Maior diâmetro	Diâmetro mais pequeno	Quantidade
Tubagem subterrânea de PVC	4 pés	3 1/4in	3,11 pol.	1
Conectores de cotovelo 90° PVC longo		3 3/4in		

Depois de efectuados os cortes, os materiais são integrados com uma montagem simples, utilizando apenas cola:

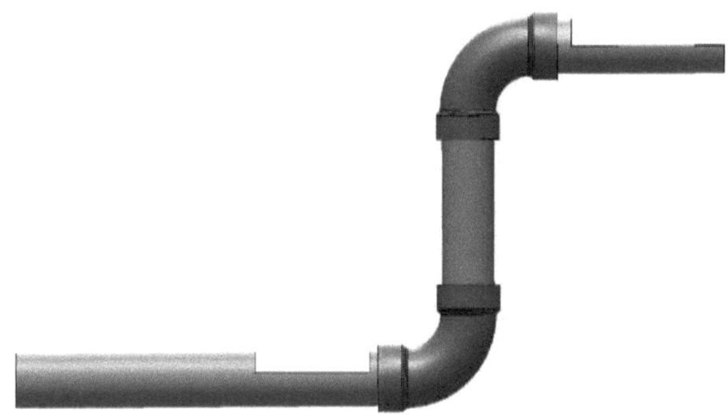

Figura 8 Tubo seccionado

3.4 Recolha de dados

3.4.1   Lançamento aproximado de 90KM/HR

Para a seleção do motor, é necessário partir da velocidade que se pretende atingir, considera-se que a velocidade angular do motor é constante, nestes termos, podemos começar a utilizar o teorema do movimento circular uniforme "MCU".

Algumas das principais caraterísticas do movimento circular uniforme são as seguintes:

A velocidade angular é constante (ω = cte).

O vetor velocidade é tangente em cada ponto da trajetória e a sua direção é a do movimento. Isto implica que o movimento tem uma aceleração normal.

Tanto a aceleração angular (α) como a aceleração tangencial (at) são nulas, uma vez que a velocidade ou celeridade (módulo do vetor velocidade).

Aplicando estes conceitos ao presente projeto, consideramos a velocidade desejada:

$$V = 90 \, \frac{km}{hr}$$

Para trabalhar com este teorema, é necessário converter centímetros em segundos:

$$V = 90 \frac{km}{hr} \, x \, \frac{1hr}{3600seg} = 0.025 \frac{km}{seg} \, x \frac{100000cm}{1km} = 2500 \frac{cm}{seg}$$

Aplicando estes conceitos ao presente projeto, consideramos a velocidade desejada:

$$\text{Ecuación} \quad V = W x \, r \qquad \qquad \textcircled{1}$$

$$W = \frac{V}{r}$$

As variáveis velocidade e raio são substituídas

$$W = \frac{2500\,\frac{cm}{seg}}{10.16cm} = 246.062\,\frac{rad}{seg}$$

É efectuada a conversão de rad sobre segundos para RPM.

$$W = 246.062\,\frac{rad}{seg}\;x\frac{1\,vuelta}{2\pi rad}x\frac{60\,seg}{1\,min}$$

$$W = 2350.91\,RPM$$

Para selecionar um motor para este projeto, temos de considerar um motor próximo de 2350 RPM e de baixo custo,

Por uma questão de custos, a seleção do motor foi a indicada na imagem seguinte:

Model No: 048A17T2006
Catalog No: X921
1/3,1725,TENV,48Z,1/60/115/230
Pedestal Fan

Figura 9 Motor 048A17T2006

Quadro 3 Parâmetros para o lançamento aproximado

Parâmetro	Variável
HP	1/3
Tensão	115/230
Quilo Watts	0.25
Amperes	3.8/1.9
Fases	1
Peso	12 lb
RPM	2250

Para conhecer a precisão da velocidade linear a que a bola será lançada com este motor, aplicamos novamente o MCU:

Limpar θ da velocidade angular

$$\text{Ecuación} \quad W = \frac{\theta}{t} \qquad \qquad ②$$

$$\theta = 2250 \; x \; 2\pi rad$$

$$\theta = 4500\pi rad$$

$$W = \frac{4500\pi rad}{1\,min} = \frac{4500\pi rad}{60\,seg} = \frac{4500\pi rad}{6\,seg}$$

Substituído na fórmula da velocidade linear:

$$V = W x\, r$$

$$V = \frac{4500\pi rad}{6\ seg} x \frac{4\ in\ x\ 2.54cm}{1\ in} = \frac{4500\pi rad}{6\ seg} x\ 10.16cm = \frac{4500(3.14)\ cm}{6\ seg} = 2355\ \frac{cm}{seg}$$

$$V = \frac{(2355\ \frac{cm}{seg})\ x\ (3600\ \frac{seg}{hr})}{10000\ cm} x1km$$

$$V = 84.78 \frac{km}{hr}$$

Figura 10 Subconjunto do motor.

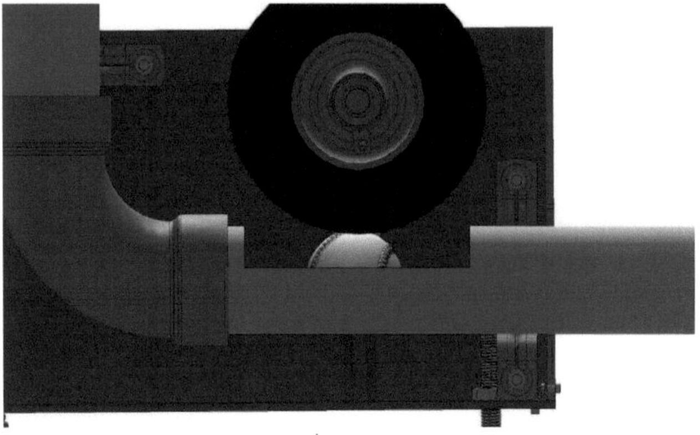

Figura 11 Subconjunto do lançador

3.4.2 Controlo do ângulo de lançamento ou do ângulo de partida

Ângulo de saída da bola: Refere-se ao momento de saída, no ponto em que a bola deixa a bola branca depois de ser libertada pela mão de lançamento, uma vez lançada. Este ângulo situa-se entre o eixo perpendicular que passa pelo corpo, formando o eixo (X), e o eixo (Y) que parte da altura da face do atirador em direção à frente do atirador. Este ângulo pode ser positivo ou negativo.

Figura 12 Ângulo de saída

- Positivo: quando a bola lançada pelo lançador é recebida pelo recetor na área determinada por este antes de a lançar, ou no seu efeito é dirigida para uma determinada zona da área marcada como zona de strike, que terá 9 partes de igual tamanho e na qual serão dados pontos de acordo com a área onde a bola cair, quanto melhor for a eficácia, melhor será o resultado (há presença de controlo).

* Negativo: quando o lançamento do lançador tende a um movimento descoordenado, a uma desorientação da zona de strike e a bola lançada é recebida fora da zona acordada como zona de strike (não existe controlo).

Ação de chicote do pulso no momento do lançamento da bola: refere-se ao momento final antes de a bola ser lançada; é a ação do pulso da mão de lançamento.

A adição de um nível giratório aparafusado de 4 polegadas permite que o mecanismo tenha uma inclinação de 0 a 11,71 graus para disparos parabólicos. Este nível será ajustado com uma chave inglesa, consoante o tipo de treino a efetuar.

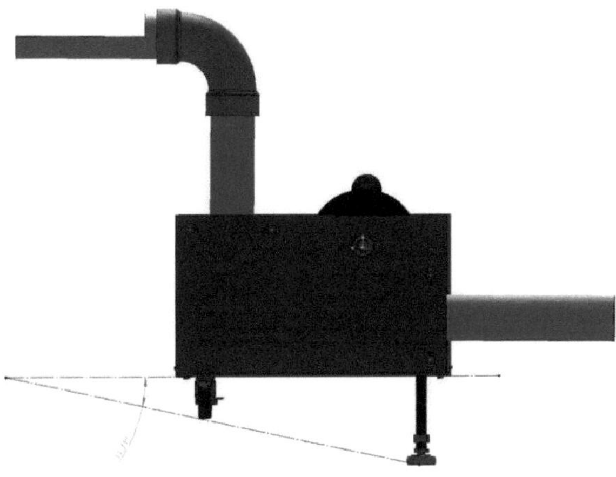

Figura 13 Vista superior da inclinação do mecanismo.

Figura 14 Vista frontal do mecanismo

3.5 Montagem

A máquina foi concebida para substituir todos os elementos danificados, com exceção da estrutura soldada, sendo as únicas ferramentas necessárias para desmontar e montar a máquina:

- Anel métrico para chaves allen

- chave inglesa de 6 pol.

A imagem seguinte mostra uma vista explodida da montagem geral de todos os elementos relevantes.

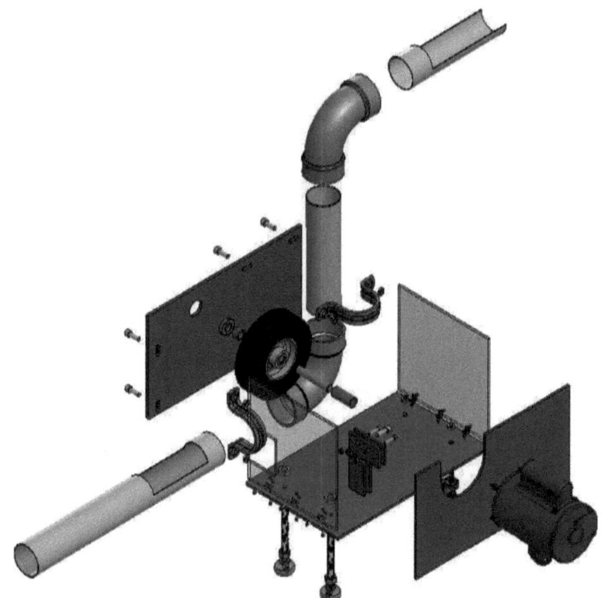

Figura 15 Vista explodida do conjunto

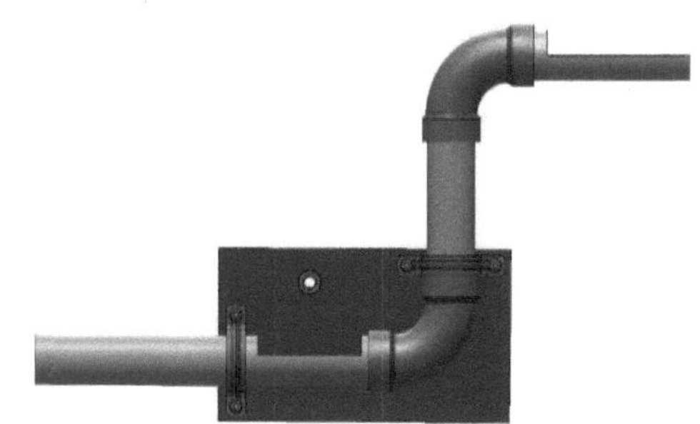

Figura 16 Conjunto do braço de lançamento com placa ranhurada

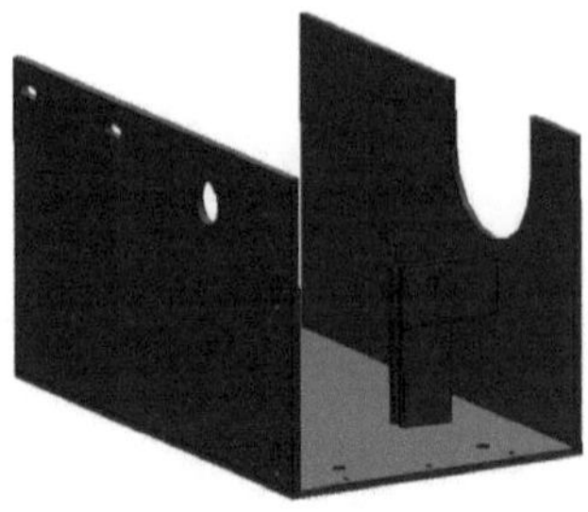

Figura 17 Chapas soldadas.

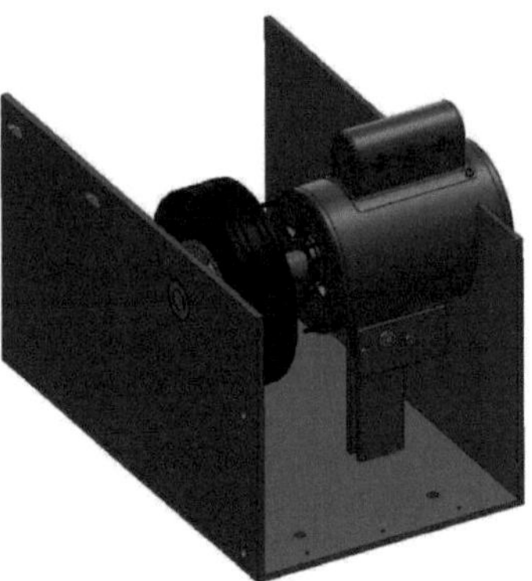

Figura 18 Vista isométrica do conjunto do motor

Para o transporte seguro e correto da máquina, foram escolhidos rodízios giratórios de borracha normalizados com bloqueios de segurança.

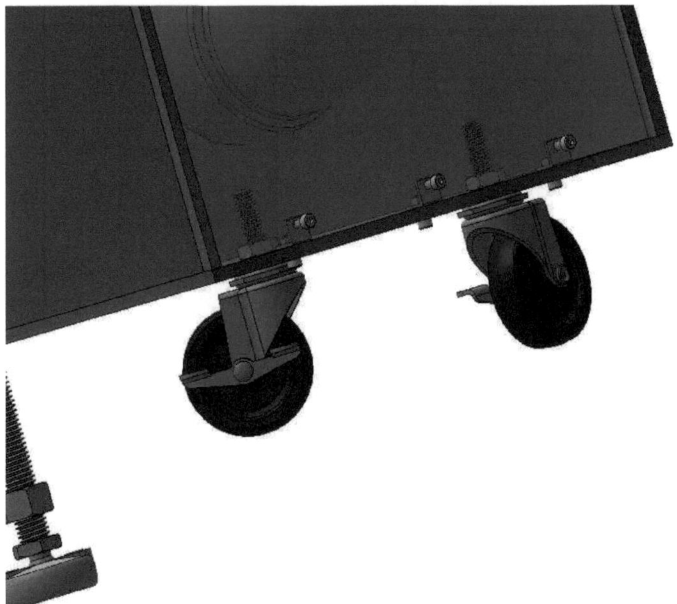

Figura 19 Vista dos rodízios giratórios na máquina

3.6 Otimização da conceção

Um dos problemas a resolver durante a conceção da máquina foi o da dimensão variável de uma bola. Tal como foi referido no capítulo 3.2.1, uma bola de basebol profissional tem um diâmetro entre 2,70"-2,81", mas estas dimensões não são exactas, dependendo da marca do fabricante, ao nível dos principiantes.

Como solução, foram integradas ranhuras de 31 mm, que deslocaram os grampos de PVC.

A medida da tangente entre a roda de 8" e a superfície do furo de PVC é de 2,65" quando os parafusos estão no ponto médio da ranhura.

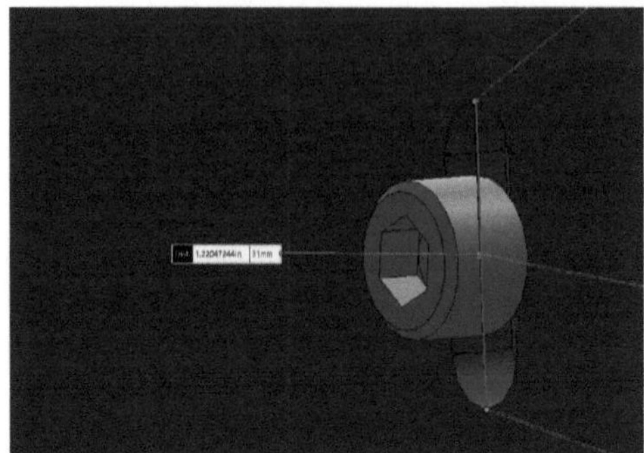

Figura 20 Distância de 1,22 in na ranhura.

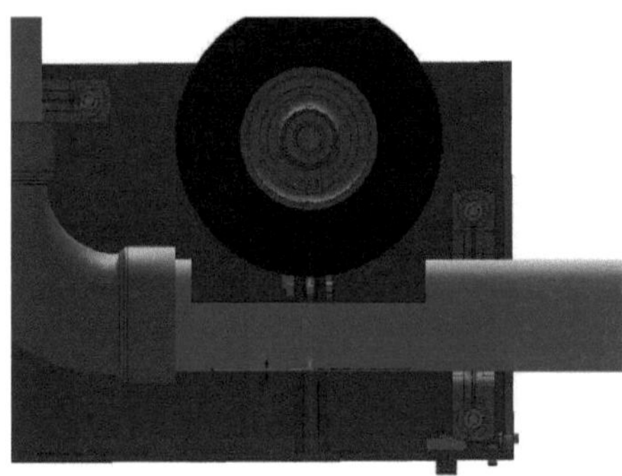

Figura 21 Vista da distância entre a roda e o braço de lançamento de 2,66 polegadas.

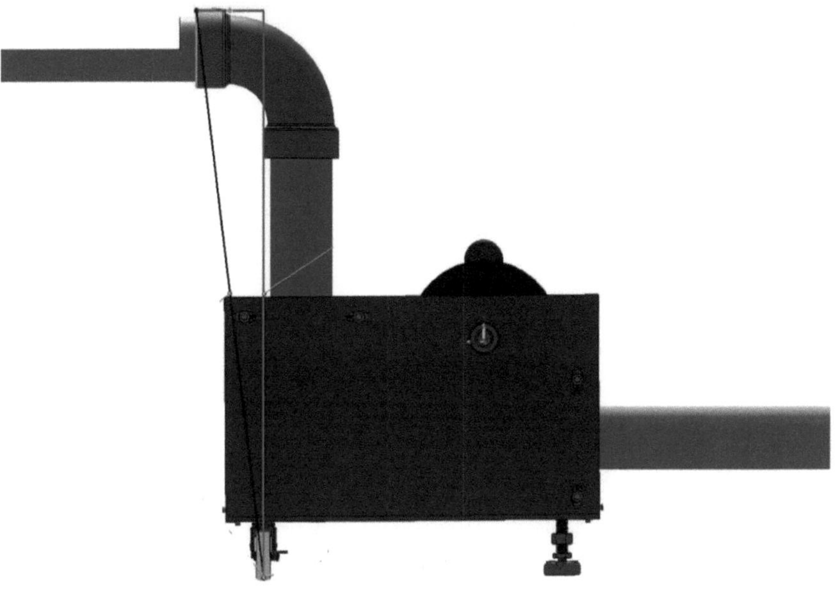

Figura 22 Altura máxima da máquina 28,9 pol.

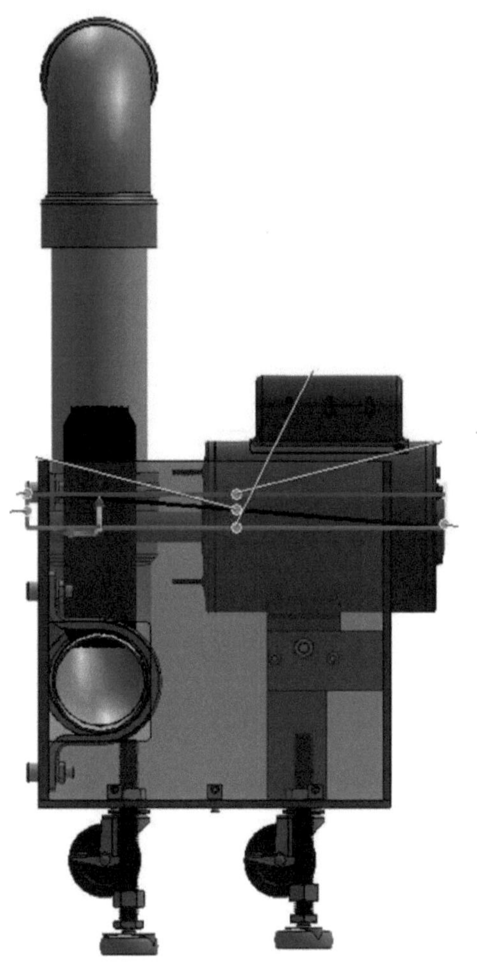

Figura 23 Largura da máquina 14,2 pol.

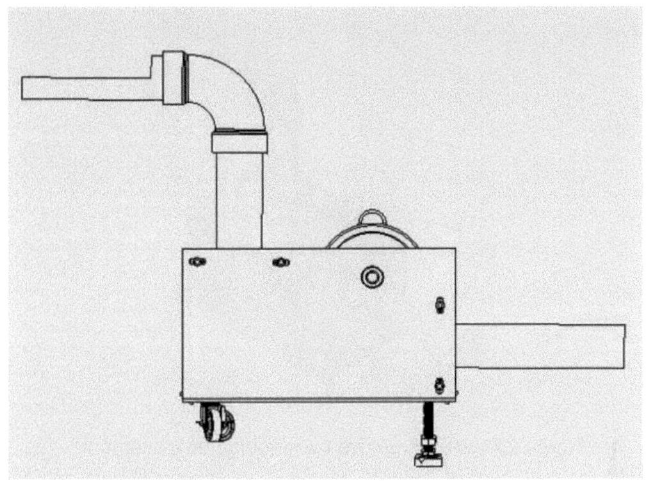

Figura 24 Comprimento da máquina 43,8 pol.

Quadro 4 Propriedades mecânicas da máquina

Massa	25043,65 gramas
Volume	10935467,97 milímetros cúbicos
Área de superfície	2774348.60 milímetros quadrados
Centro de massa (milímetros)	X = - 55.50 Y = 101.26 Z = 79.35

Figura 25 Vista isométrica da máquina de lançamento.

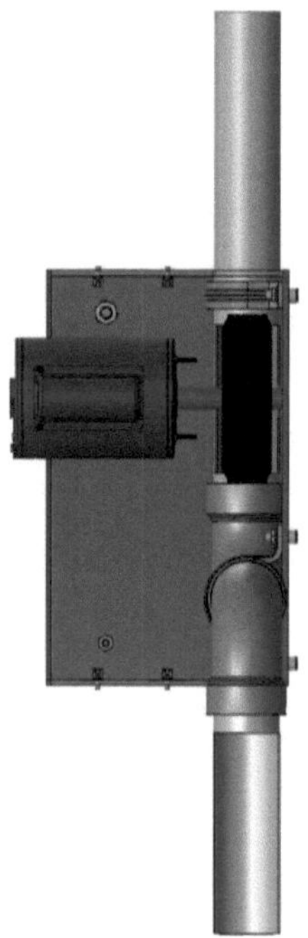

Figura 26 Vista de planta (topo) da máquina de lançamento.

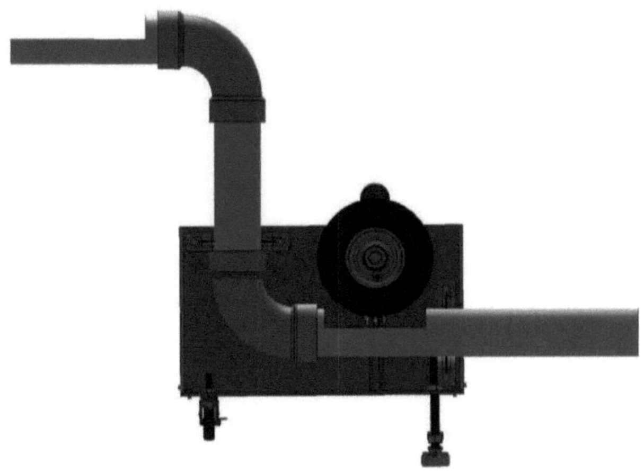

Figura 27 Vista superior (frente).

3.7 Análise FEA do suporte do motor

No projeto mecânico da máquina de bolas, selecionámos um motor de 12 lb = 5,45 kg que será suportado por uma placa de aço-carbono de 2 x 3,9 x 0,25 polegadas, nesta placa assenta a maior carga de um componente do nosso sistema, para verificar se este elemento pode suportar as cargas verticais exercidas nos furos, é realizado um estudo FEA.

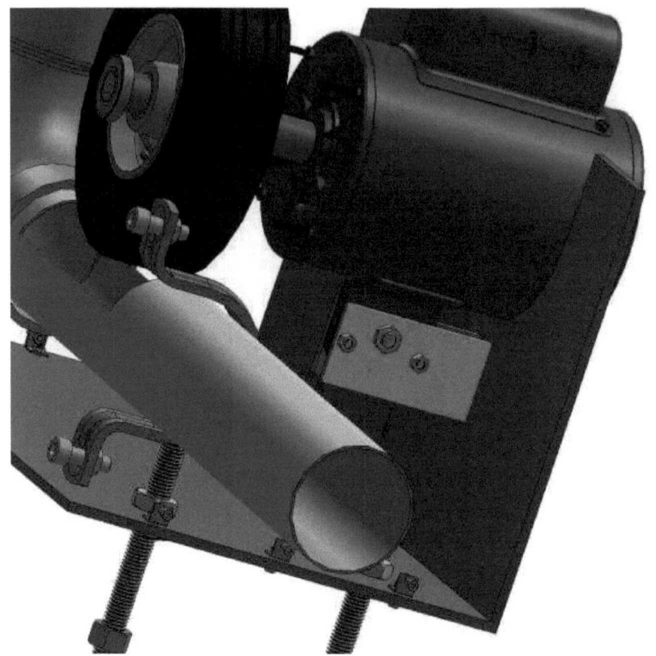

Figura 28 Localização da placa de carga que suporta o peso do motor.

Para iniciar o estudo, é necessário definir os parâmetros dos materiais, os elementos de fixação aplicados, as localizações das cargas e uma malha matemática.

Neste projeto, selecionámos o material aço-carbono como aço-carbono fundido.

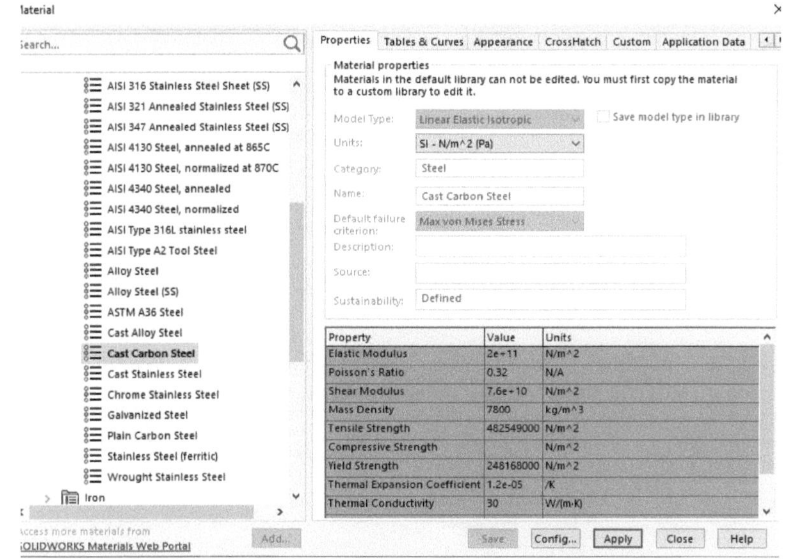

Figura 29 Propriedades mecânicas do aço-carbono.

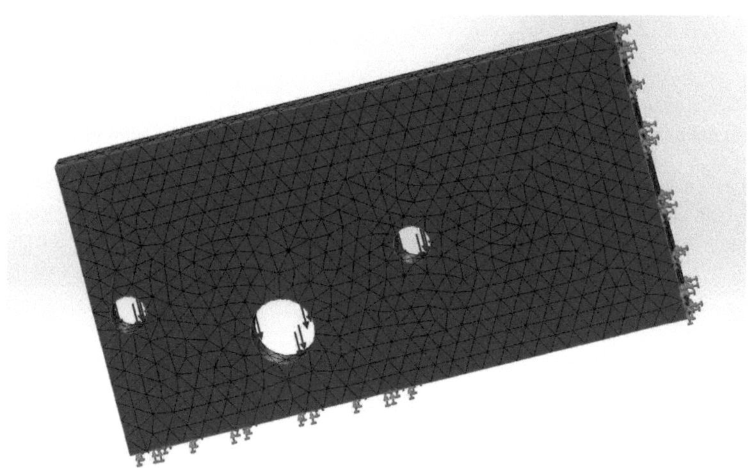

Figura 30 Localização das cargas, fixações e engrenagens na placa de montagem do motor

Os fixadores são representados por setas verdes, as cargas são roxas e a malha são as juntas triangulares na superfície da peça, cada junta é a representação matemática nessa posição do cálculo matemático dos deslocamentos e tensões gerados pelo programa SolidWorks do componente.

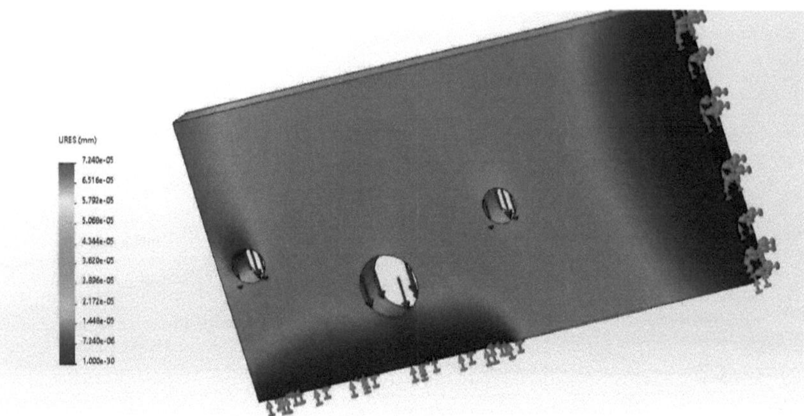

Figura 31 Gráfico do deslocamento na placa de fixação do motor.

O resultado do estudo de deformação é representado por um gráfico à esquerda da figura 33, com uma escala em milímetros deslocada de 1x10^-30 em azul para 7.240x10^-05 em vermelho.

A análise indica que a área superior do primeiro pequeno orifício tem a maior deformação no nosso elemento, com um total de 0,0000724 milímetros de deformação, o que nos leva a concluir que a sua deformação máxima é insignificante.

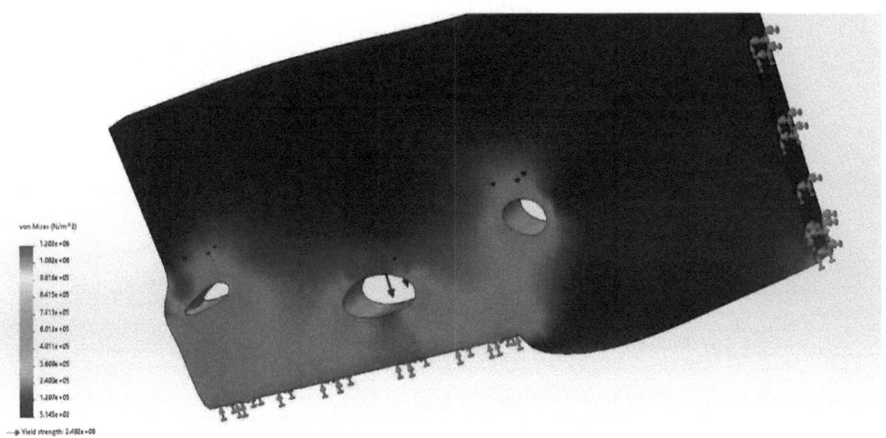

Figura 32 Gráfico de tensão de Von Mises

[22]O estudo de tensões está representado na figura 34, onde a simulação é mostrada de forma exagerada para apreciar o comportamento da peça com as cargas aplicadas, da mesma forma, encontra-se uma escala de tensões de Von Mises em N/m , mostrando na cor azul um valor de $5,145x10^\wedge 2$ N/m até o valor máximo representado em vermelho com 1,202x10^06 N/m^2

[2]A tensão de cedência marcada para o material aço carbono é de 2,482x10^8 N/m , analisamos que a tensão máxima exercida na peça é muito inferior ao valor da tensão de cedência, concluímos que a tensão exercida no suporte do motor não irá falhar devido às cargas do motor.

CAPÍTULO IV
RESULTADOS

Foi concebida uma máquina de lançamento de bolas com as medidas.

- 28,98 pol. de altura máxima

- 43,81 pol. de comprimento

- 14,24 pol. de largura

Com um peso total de 25 kg.

Velocidade de lançamento a 84,78 km/hr, a uma rotação de 2250 RPM. Realização de lançamentos horizontais de 0 a 11,71 graus de inclinação.

Foi feita uma cotação em 5 sites diferentes para obter os materiais utilizados neste projeto, com variações de preço em cada um dos produtos e uma soma final de todos os produtos mais baratos encontrados no mercado, como mostra ɑabela 4.

Com um custo unitário total de 6.033,89 pesos mexicanos por produto, a soma total de cada item para a quantidade necessária a ser comprada dá um total de 6.934,18 pesos mexicanos. No mercado encontramos máquinas de lançamento de bolas por até 26.000 pesos mexicanos, se compararmos o custo do presente projeto com os preços de mercado, temos uma poupança de 19.065,82 pesos mexicanos.

A máquina tem capacidade para armazenar 3 bolas no tanque, a área de melhoria para a máquina está no tanque para controlar o tempo de passagem por bola, isto poderia ser conseguido com um arduino que pode integrar um obstáculo para as bolas.

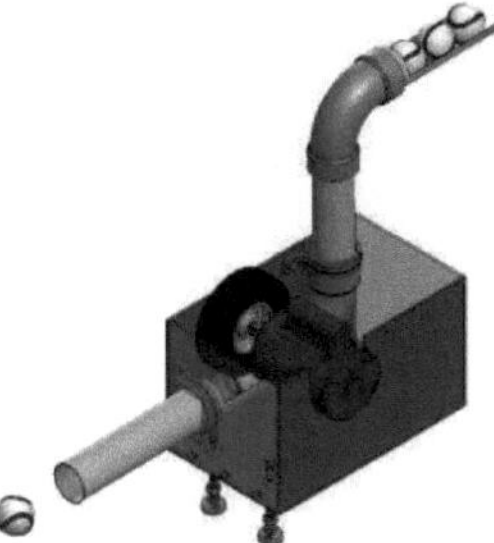

Figura 33 Vista isométrica da máquina de lançamento com bolas

Quadro 4 Especificações e custos dos materiais.

Especificação do material	Quantidade	Mc Master	Mercado livre	Loja Google	O armazém doméstico	Ebay	Seleção
Roda com 8 polegadas de diâmetro e furo de 3/4 polegadas	1	$1,552.15	$950.00	$507.00		$573.00	$507.00
Motor 2250 RPM	1	$5,120.80	*	$2,731.00		$2,380.00	$2,380.00
Delrin 1 1/4 - 3/4in	1	$320.00	$420.00	$210.00			$210.00
Barra de aço 3/4 x 12 pol.	1	$723.00	$510.00	$400.00		$153.00	$153.00
Conector de PVC para 3 em 90 graus		$322.15	$115.00	$172.92	$28 .0	*	$28.00
PVC DI = 3in OD= 3.11in x 12in		$428.09	$233.00		$120.00	*	$120.00
Braçadeira ómega 3 1/2 in		$133.20	$72.00	$93.83	$12.00	*	$12.00
Placa de aço inoxidável carbono 24x24 pol.	1	$2,451.25	$2,300.00	*		$640.00	$640.00
Rolamento de esferas R12 3/4" 1 5/8" 5/16	1	$797.91	$175.00	$175.00			$175.00
Laxan de 12x12x1/4		$1,200.00	$850.00	$850.00		$939.00	$850.00
Cantoneira de alumínio 6 x 7/16 x 1/2	1	$1,300.00	$1,278.80	$629.00	$800.00		$629.00
Soquete M4x30		$12.95			$3.70		$3.70
Soquete M4x12	5	$12.95			$3.70		$3.70
Rosca M6		$9.25			$2.00		$2.00
Rosca M4		$9.25			$2.00		$2.00

Casquilho M6x10		$9.25			$3.70		$3.70
Haste roscada rotativa, escorredor		$183.89					$183.89
Nivelam ento giratório aparafus ado		$534.65	$122.00				$122.00
Rosca M10	5	$14.80			$3.50		$3.50
Rosca 5/8		$9.25			$2.70		$2.70
Rosca 3/8		$9.25			$2.70		$2.70
Custo total						$ 6,934.18	

CAPÍTULO V
CONCLUSÕES

O projeto apresentado mostra um benefício no custo dos materiais para a construção de uma máquina de lançamento de bolas, e é capaz de competir com as marcas no mercado, omitindo os processos de fabrico.

A máquina tem um peso de 25 kg, o que dificulta o seu manuseamento e transporte. Este projeto pode ser melhorado através da redução da espessura do material utilizado e da redução dos espaços vazios no interior da máquina.

Existem várias configurações de máquinas de lançamento que podem ser classificadas de acordo com o seu sistema de propulsão, graus de liberdade e número de actuadores rotativos. Cada uma destas configurações permite que a máquina dispare a altas velocidades e tenha autonomia em relação ao utilizador. No entanto, cada configuração apresenta vantagens e desvantagens relacionadas com a eficácia do disparo, razão pela qual o sistema de propulsão com dois rolos rotativos é a configuração com melhor desempenho em termos de construção e de custos, oferecendo uma maior cadência de tiro a longas distâncias, desde que se tenha em conta o peso dos rolos acoplados aos motores, de modo a implementar mais facilmente o controlo de velocidade e uma conceção mecânica mais simples.

CAPÍTULO VI
RECOMENDAÇÕES

Como ponto de partida para a conceção da máquina de lançamento de bolas, considere o parâmetro de velocidade-alvo a atingir, selecionando o motor e continuando com aconceção estrutural da máquina e com a engrenagem, moldando a conceção em função dos requisitos dados para a sua elaboração.

A seleção de materiais é extremamente importante na conceção planeada. Utilize sempre o mínimo de material possível e elimine o espaço e o material desnecessários.

No fabrico de fixações devemos também ter em conta os processos de fabrico a que o material deve ser sujeito, efectuando cortes no material com ferramentas convencionais de preferência de forma a não aumentar o custo final de fabrico, isto deve ser considerado durante o projeto da máquina a fabricar.

Quando trabalhamos com software de conceção, devemos ter em conta a capacidade da nossa equipa de trabalho. A montagem de componentes pode ser bastante complicada quando o trabalho tem vários elementos a serem montados.

Além disso, utilize sempre materiais e medidas normalizados, uma vez que, se não trabalhar desta forma, o projeto será complicado em termos de aquisição e fabrico de materiais.

FONTES

Harper, G. E. (2002). O ABC do controlo eletrónico de máquinas.

Álvarez Lorente, Manuel e López Labat, Hermenegildo (2005). "Preparação e adaptação do braço do lançador de basebol". Revista

Álvarez Lorente, Manuel et al. (2002): "La efectividad del lanzador. Un retodel pitcheo contemporáneo". Revista digital http://www.efdeportes.com/ Revista Digital - Buenos Aires - Ano 8 - N° 45 - fevereiro de 2002.

4.- ÁLVARO GONZÁLEZ, H., & HERNÁN MESA G, D. (n. d.). A IMPORTÂNCIA DO MÉTODO NA SELECÇÃO DE MATERIAIS. Scientia et Technica.

ASME Y 14.5-2009, Dimensionamento e Tolerância. Nova Iorque: Sociedade Americana de Engenheiros Mecânicos.

Baseball Dimensions & Drawings | Dimensions.com digital http://www.efdeportes.com - Buenos Aires - Ano 10 - N° 89 - outubro 2005. digital http://www.efdeportes.com - Buenos Aires - Ano 11 - N° 106 - março 2007. 6.- Desenho   mecânico com Solidworks 2015. (n.d.). Google

Livros.https://books.google.com.mx/books?id=_o2fDwAAQBAJ

7 - Ealo De La Herrán, J. (2005). Béisbol. Ciudad de La H a b a n a : Editorial Pueblo y Educación; Terceira edição.

8.- Empresarial, C. (2022, 31 de julho). A história do basebol no México. Caribe Empresarial. https://caribempresarial.com/la-historia-del-beisbol-en-mexico/

9.- Garcia Melo, J. I. (2004). Fundamentos del Diseño Mecánico (1.a ed.).Universidad del Valle. https://books.google.com.mx/books?id=2RqUgt9YISEC&printsec=frontcover& dq=what+is+the+mechanical+design&hl=en&sa=X&redir_esc=y#v=onepa ge&q&f=false

10.-González García, Iván e Hernández Mayán, René (2007): Béisbol: algunas consideraciones sobre los lanzadores. Revista: la-habilidad-de-lanzar-de-los- pitcher-de-beisbol.htm https://books.google.com.mx/books?id=2Jp7EpxiMbwC&pg=PA150& dq=definicion+de+motor+electrico&hl=en&sa=X&ved=2ahUKEwi2-

57W9sr8AhXgJEQIHUEZCYYQ6AF6BAgCEAI#v=onepage&q&f=false

11 - Mexicano, E. P. H. B. (2019c, 25 de outubro). El Tec, 55 anos de profissionalismo.El Heraldo de Juárez | Noticias Locales, Policiacas, sobre México, Chihuahuay el Mundo.https://www.elheraldodejuarez.com.mx/local/el-tec-55-anos-de- professionalismo-4365279.html

TOVAR, E. (Ed.) (2021). As vantagens das máquinas-ferramentas - multitarefas.

Modern Machine Shop, Modern Machine Shop Mexico. https://www.mms-mexico.com/articulos/los-beneficios-de-las-maquinas- tool-multitasking

Villalobos Trujillo, J. R., & Unzué Reina, A. (2008, agosto). Sistema de exercícios para melhorar o controlo na habilidade de lançamento de lançadores de basebol. Efdeportes.com. Recuperado em 10 de novembro de 2022, de https://www.efdeportes.com/efd123/ejercicios-para-mejorar-el-control-en-

ANEXOS

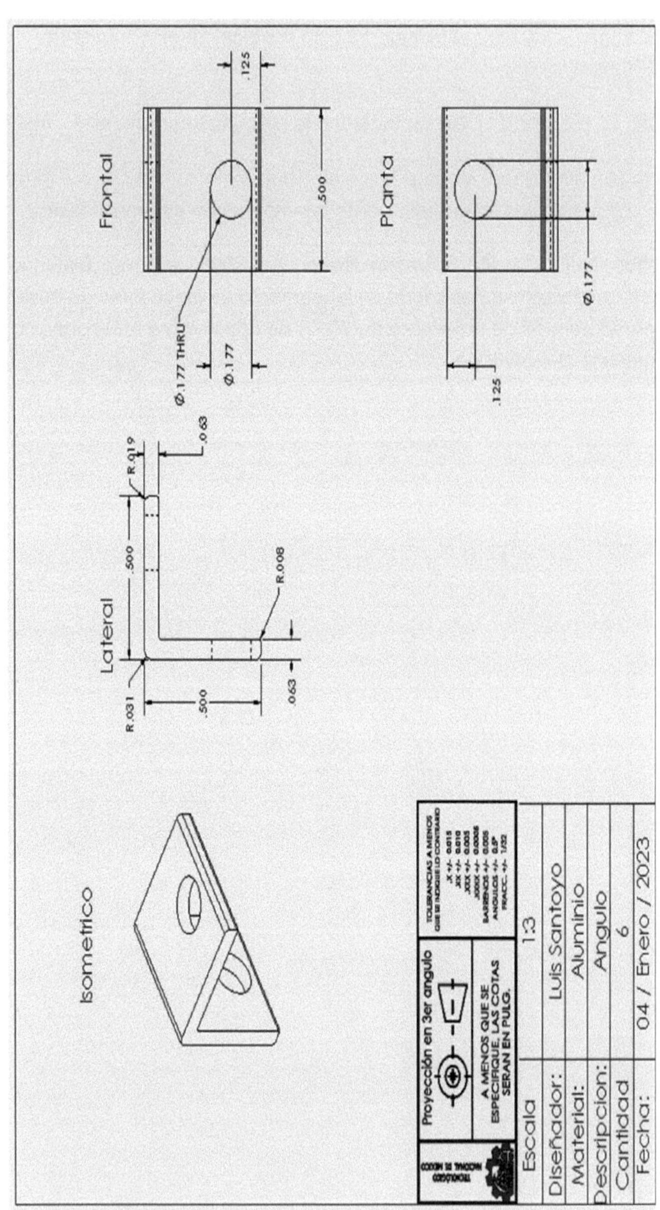

Figura 34 Plano
ângulo.

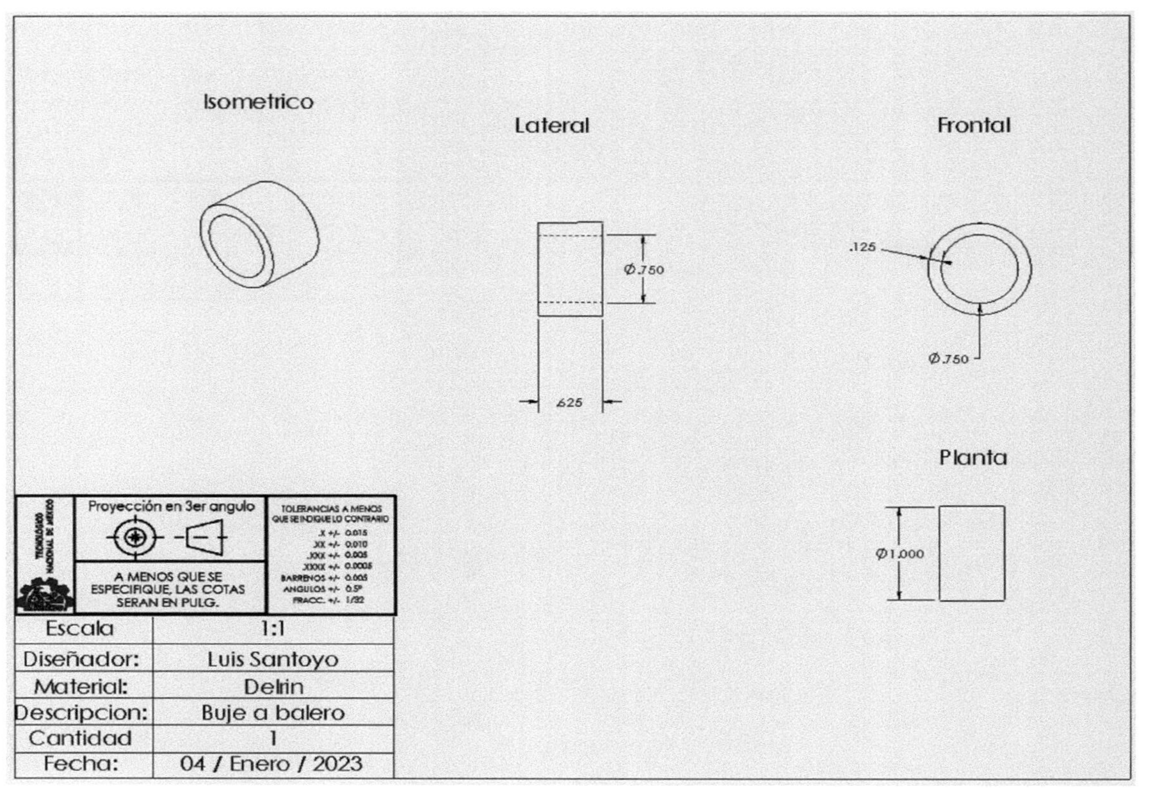

Figura 35 Plano do casquilho ao rolamento

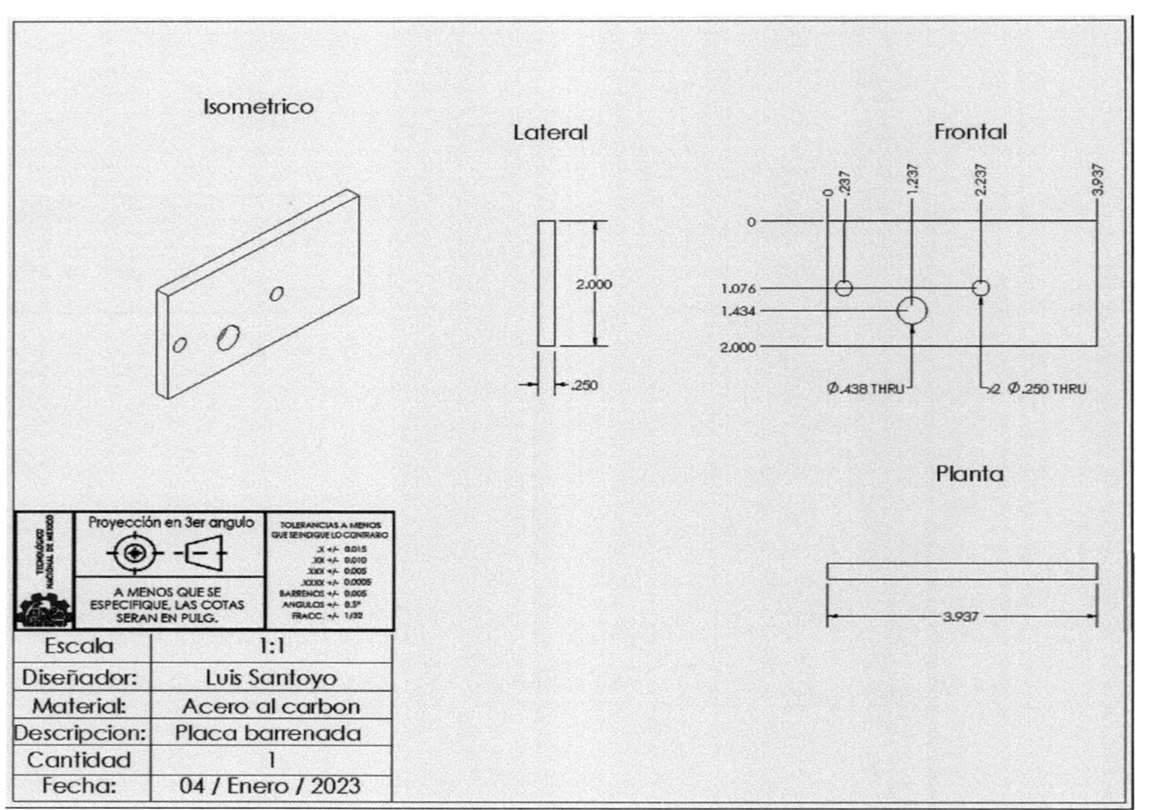

Figura 36 Placa perfurada

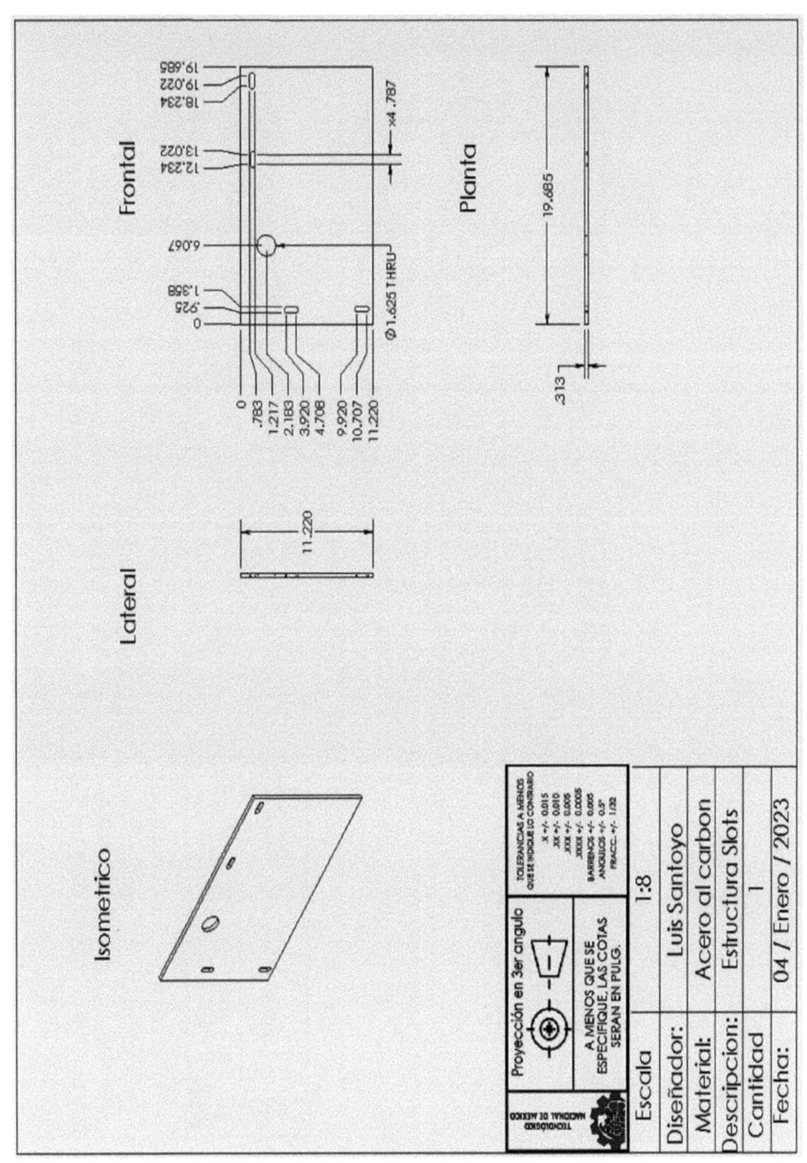

Figura 47 Plano da estrutura das ranhuras

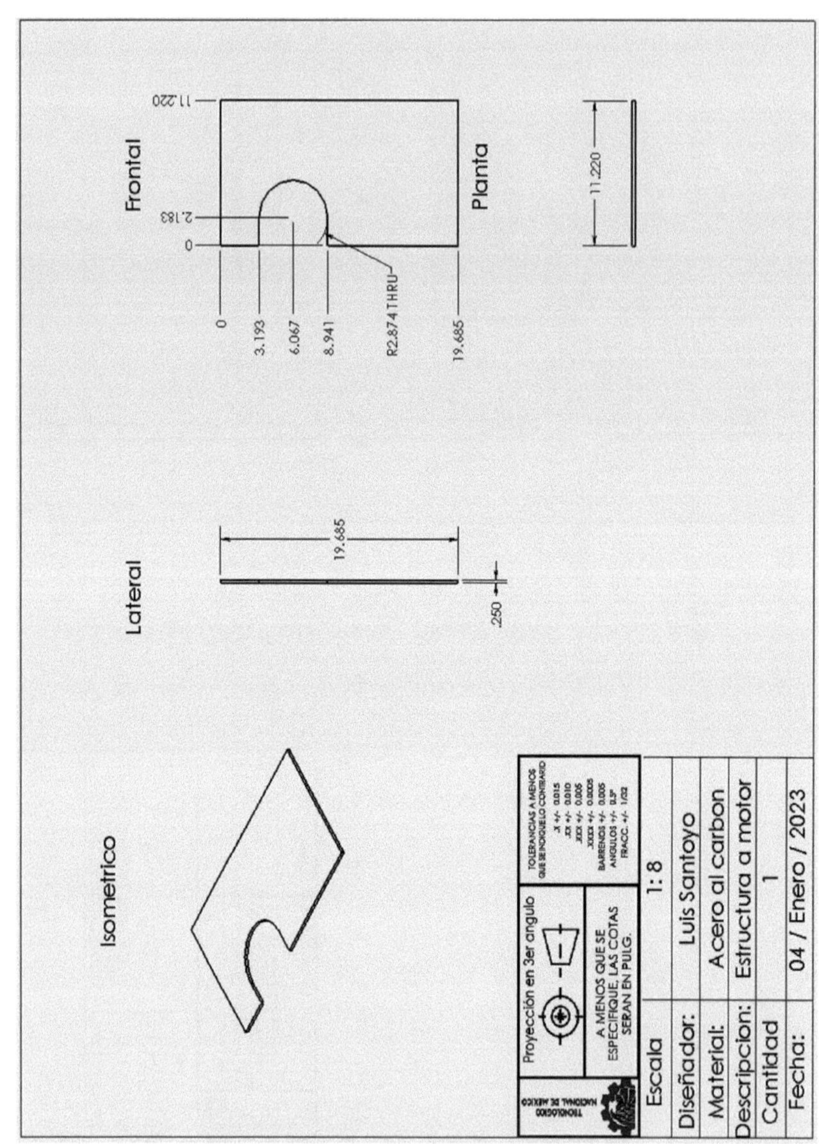

Figura 38 Plano da estrutura motorizada

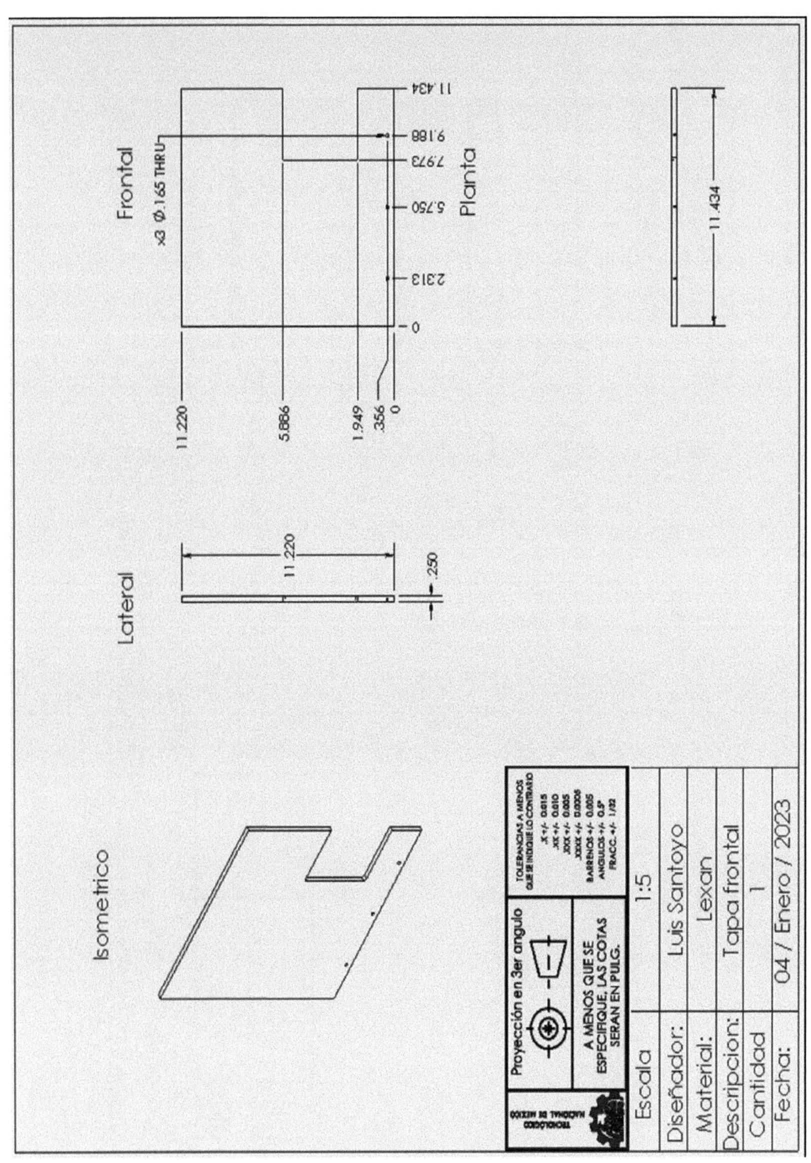

Figura 39 Plano da tampa frontal

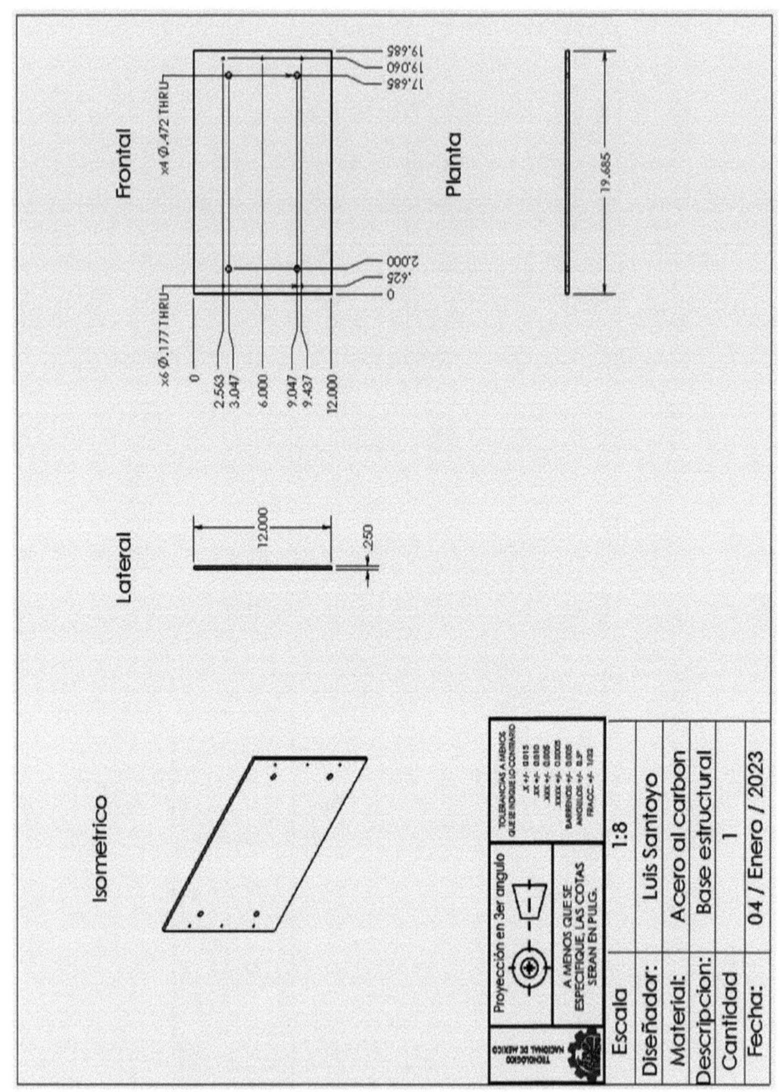

Figura 40 Plano de base estrutural.

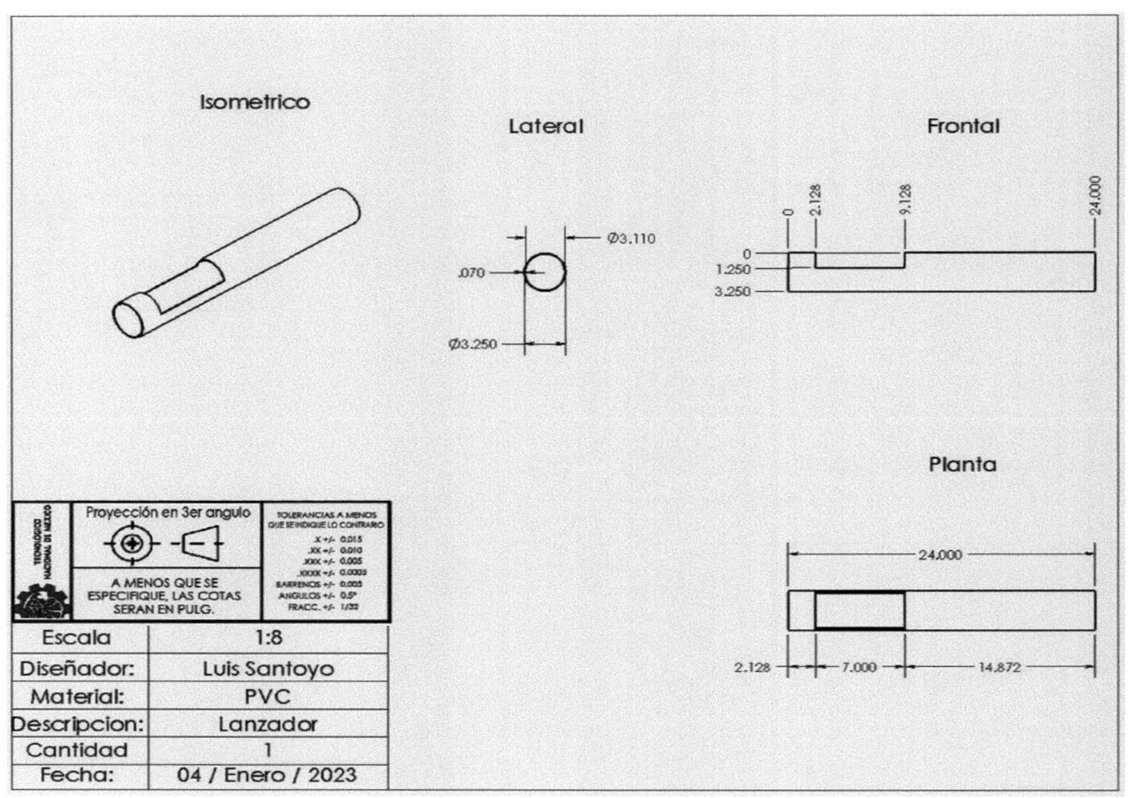

Figura 41 Plano do lançador.

55

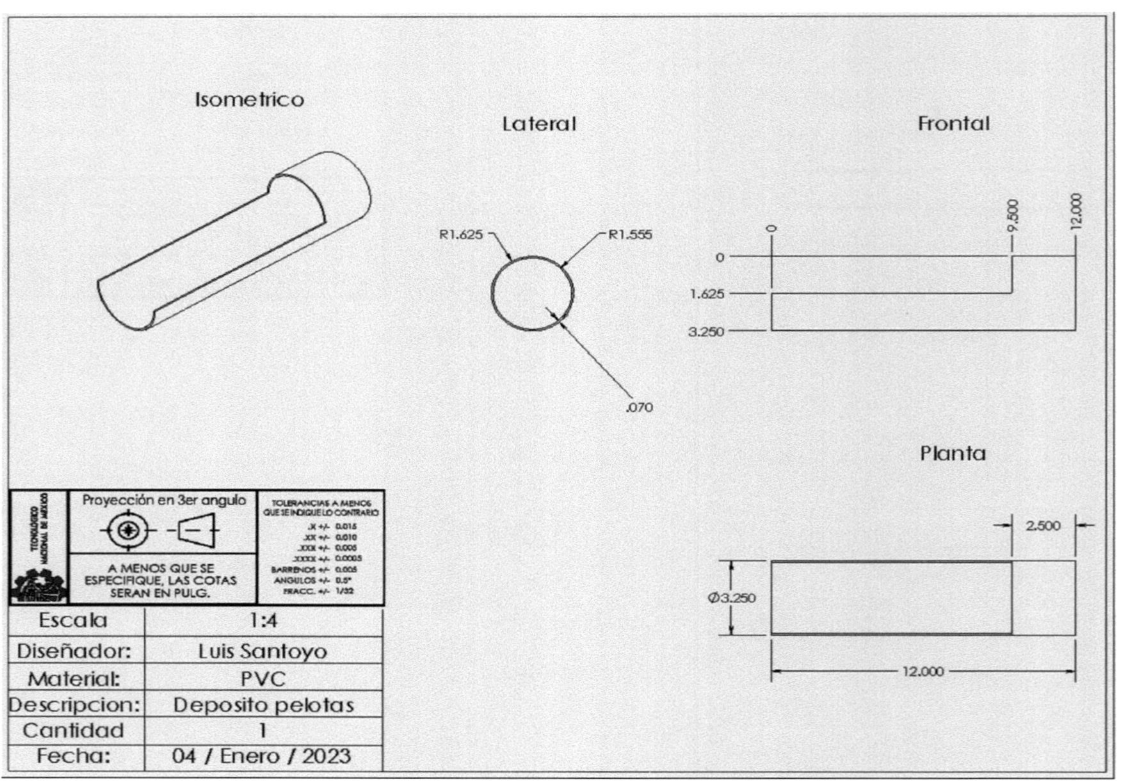

Figura 42 Plano de armazenamento de bolas.

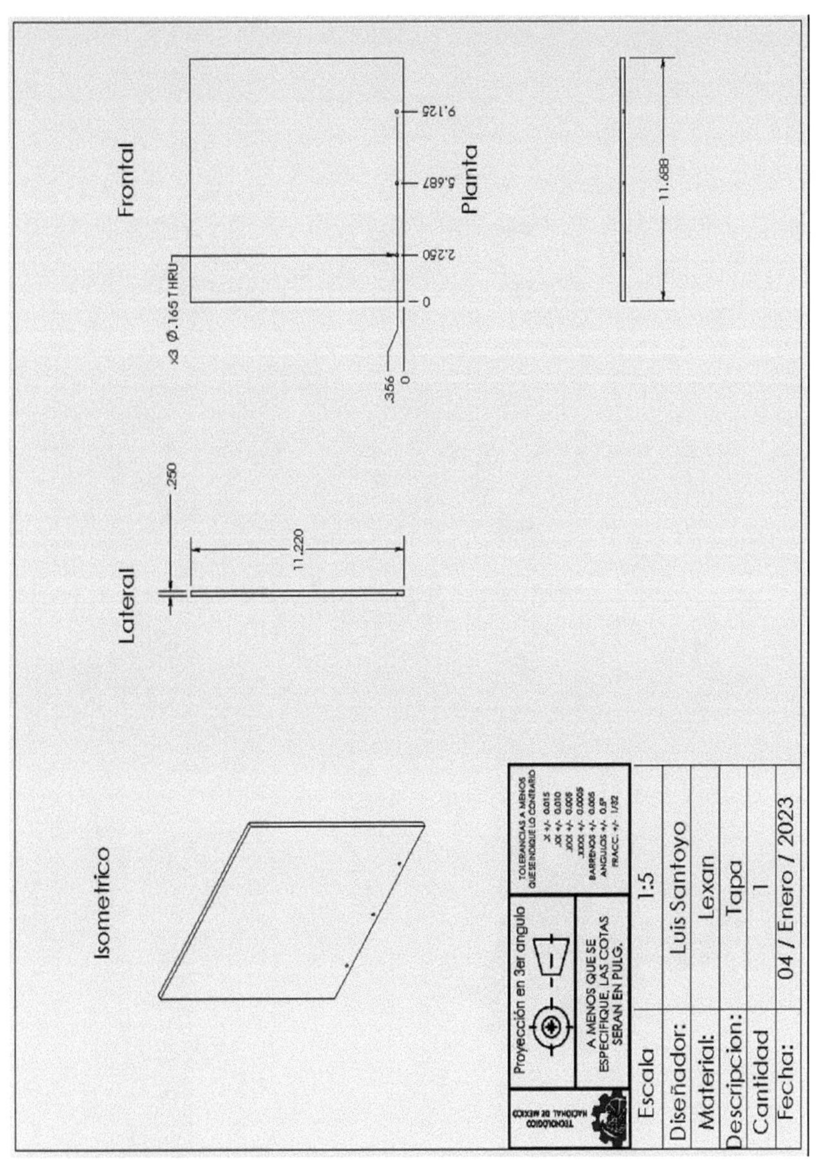

Figura 43 Plano de cobertura.

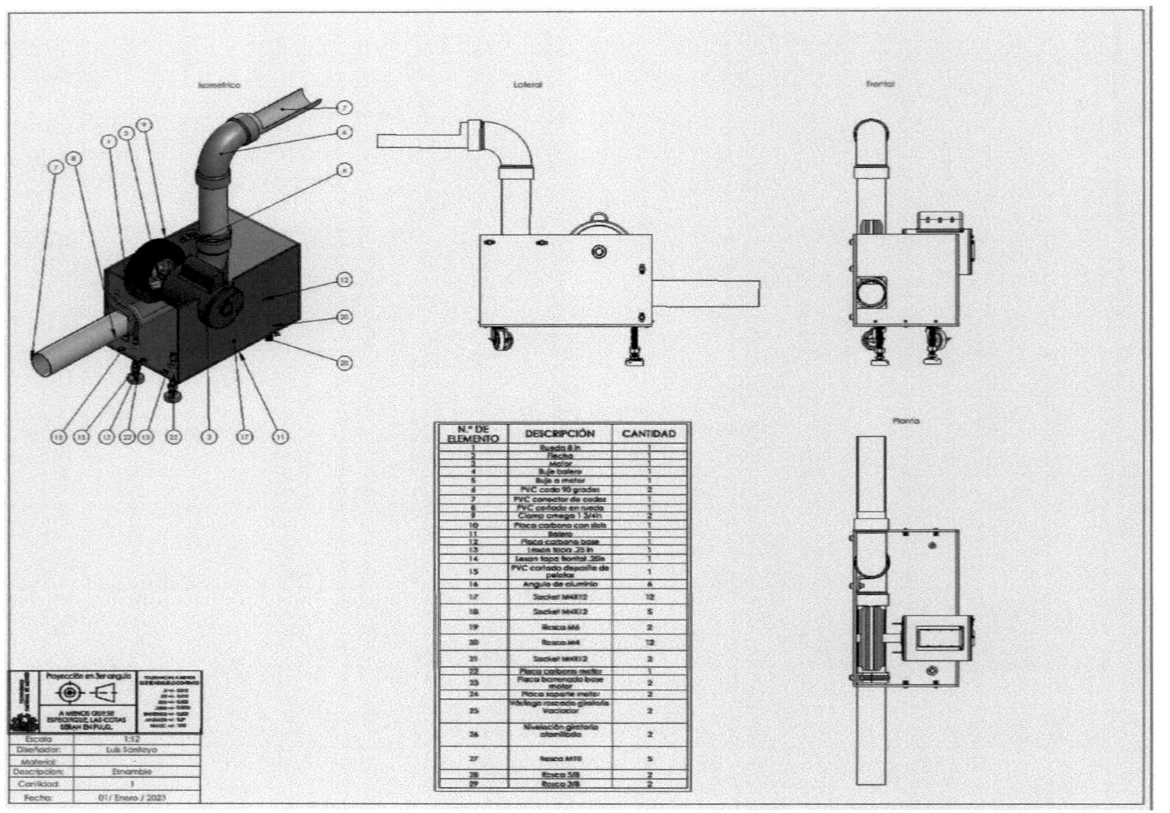

N.° DE ELEMENTO	DESCRIPCIÓN	CANTIDAD
1	Rueda 8 in	1
2	Flecha	1
3	Motor	1
4	Buje balero	1
5	Buje a motor	1
6	PVC codo 90 grados	2
7	PVC conector de codos	1
8	PVC cortado en rueda	1
9	Clamp omega 1 3/4in	2
10	Placa carbono con slots	1
11	Balero	1
12	Placa carbono base	1
13	Lexan tapa .25 in	1
14	Lexan tapa frontal .25in	1
15	PVC cortado deposito de pelotas	1
16	Angulo de aluminio	6
17	Socket M4X12	12
18	Socket M4X12	5
19	Rosca M6	2
20	Rosca M4	12
21	Socket M4X12	2
22	Placa carbono motor	1
23	Placa barrenada base motor	2
24	Placa soporte motor	2
25	Vástago roscado giratoria Vaciador	2
26	Nivelación giratoria atornillada	2
27	Rosca M10	5
28	Rosca 5/8	2
29	Rosca 3/8	2

Figura 44 Desenho de montagem.

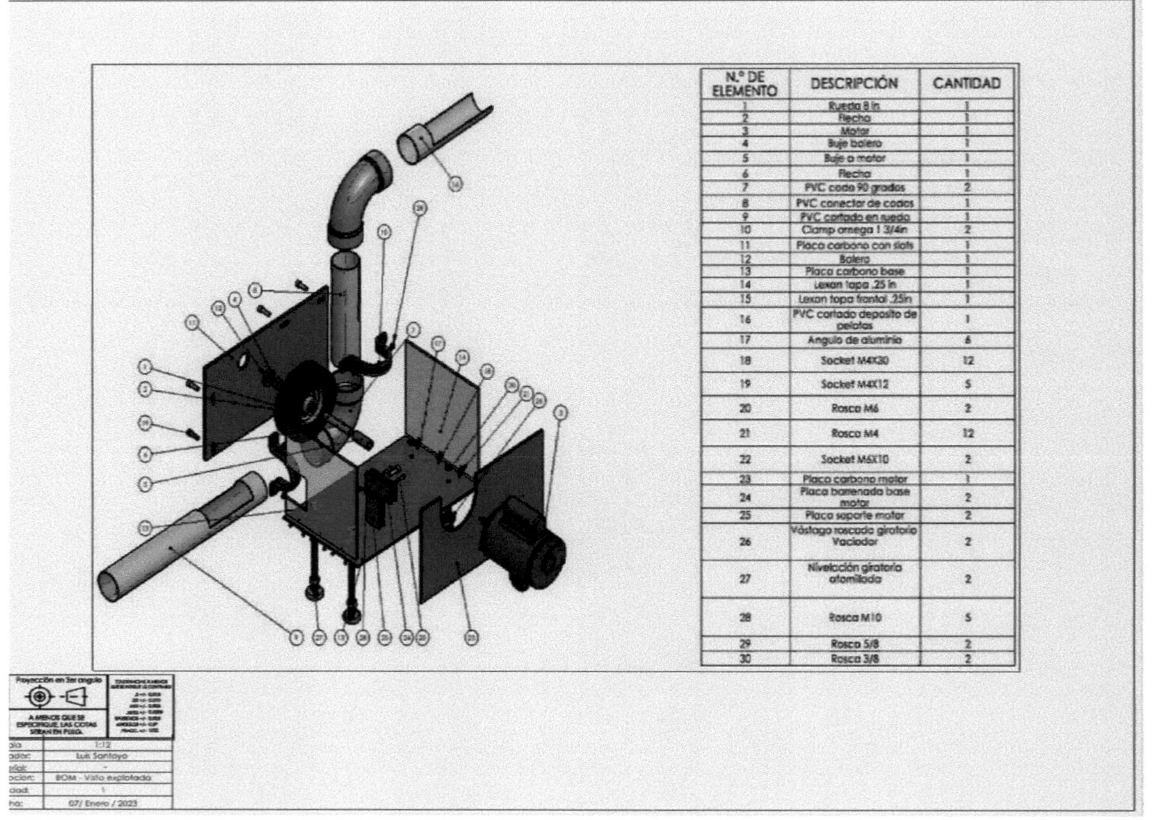

N.º DE ELEMENTO	DESCRIPCIÓN	CANTIDAD
1	Rueda 8 in	1
2	Flecha	1
3	Motor	1
4	Buje bolero	1
5	Buje a motor	1
6	Flecha	1
7	PVC codo 90 grados	2
8	PVC conector de codos	1
9	PVC cortado en rueda	1
10	Clamp omega 1 3/4in	2
11	Placa carbono con slots	1
12	Bolero	1
13	Placa carbono base	1
14	Lexan tapa .25 in	1
15	Lexan tapa frontal .25in	1
16	PVC cortado deposito de pelotas	1
17	Angulo de aluminio	6
18	Socket M4X30	12
19	Socket M4X12	5
20	Rosca M6	2
21	Rosca M4	12
22	Socket M6X10	2
23	Placa carbono motor	1
24	Placa barrenada base motor	2
25	Placa soporte motor	2
26	Vástago roscada giratoria Vaciador	2
27	Nivelación giratoria atornillada	2
28	Rosca M10	5
29	Rosca 5/8	2
30	Rosca 3/8	2

Figura 45 Lista técnica de materiais e vista explodida.

59

I want morebooks!

Buy your books fast and straightforward online - at one of world's fastest growing online book stores! Environmentally sound due to Print-on-Demand technologies.

Buy your books online at
www.morebooks.shop

Compre os seus livros mais rápido e diretamente na internet, em uma das livrarias on-line com o maior crescimento no mundo! Produção que protege o meio ambiente através das tecnologias de impressão sob demanda.

Compre os seus livros on-line em
www.morebooks.shop

Printed by Books on Demand GmbH, Norderstedt / Germany